鉄道車輌ディテール・ファイル 愛蔵版

EF59

山陽本線瀬野～八本松間は「セノハチ」と通称され、上り列車に対し勾配が連続する難所として古くから知られている。そして、代々の機関車が補機を任務にあたってきた中で、はじめて専用の形式となったのがEF59である。

本形式は新製ではなく戦前製のEF53とEF56を種車とし、1963（昭和38）年から1972（昭和47）年までに総勢24両が改造によって誕生した。本書ではこの異色の電気機関車が健在だった当時を振り返っていく。

▲ EF56改造のEF59 22(奥)とEF53改造のEF59 18(手前)の重連が、長編成の上り貨物列車を押し上げる。1978.3.15　瀬野～八本松　P：松尾よしたか

▲ 瀬野から西条までの補機を務めた2組の重連を合わせた四重連、EF59 18＋EF59 22＋EF59 12＋EF59 16が瀬野へと戻る。
1978.3.15　八本松～瀬野　P：松尾よしたか

▲ 瀬野機関区の構内はいつも「EF59だらけ」という様相だった。　1978.3.15　瀬野機関区　P：松尾よしたか

▲上り側は車体にゼブラ塗装がなく種車の面影がよく残っていた反面、改造された連結器とその周辺が賑やかだった。1979.3.25　瀬野機関区　P：松尾よしたか

▲唯一、角張った車体のEF56後期型を種車としたEF59のラストナンバーである24号機。1979.3.25　瀬野機関区　P：松尾よしたか

山陽本線“セノハチ”の補機EF59

戦後の高度経済成長期、1962（昭和37）年5月に山陽本線の電化が延伸されて広島に到達した。その際、勾配が連続する「セノハチ」の補機運用はすぐに完全無煙化せず、従来からのD52を主体として一部列車にEF58やEF61などの電気機関車が起用された。この暫定期間ののち、補機専用の電気機関車として活躍したのがEF59である。まず、戦前製旅客用のEF53全19両が、1963~65（昭和38~50）年と1968（昭和43）年に本形式に改造された。その後も輸送需要が増加したためEF56を種車としたEF59の増備が続き、丸型車体の前期車4両と角型車体1両が1969（昭和44）年と1972（昭和47）年に改造された。

こうして総勢24両のEF59が揃い、昼夜にわたり上り列車の補機として奮闘した。「セノハチ」というが、補機を連結するのは瀬野~八本松間のみというわけではなく、連結は広島・東広島（貨）・瀬野のいずれか、解放は八本松または西条である。また、重量貨物列車は重連、それ以外の貨物列車や旅客・荷物列車は単機で補機を務めた。補機は上り列車のみの後部に連結し、押し上げた後は単機回送で麓側へ戻る運用パターンも「セノハチ」独特で、西条から瀬野まで、重連を複数合わせた四重連あるいは六重連で駆け下るシーンも見られた。

▲ 構内を移動するEF59 18とEF59 22の重連。EF53改造とEF56改造のスタイルが対照的だ。1978.3.15　瀬野　P:松尾よしたか

1978（昭和53）年以降は後継機（まずEF61 200番代、のちにEF67）に置き換えられて引退が進んだが、数両が残って国鉄最後の戦前製電機となり、分割民営化を目前にした1986（昭和61）年まで稼働した。

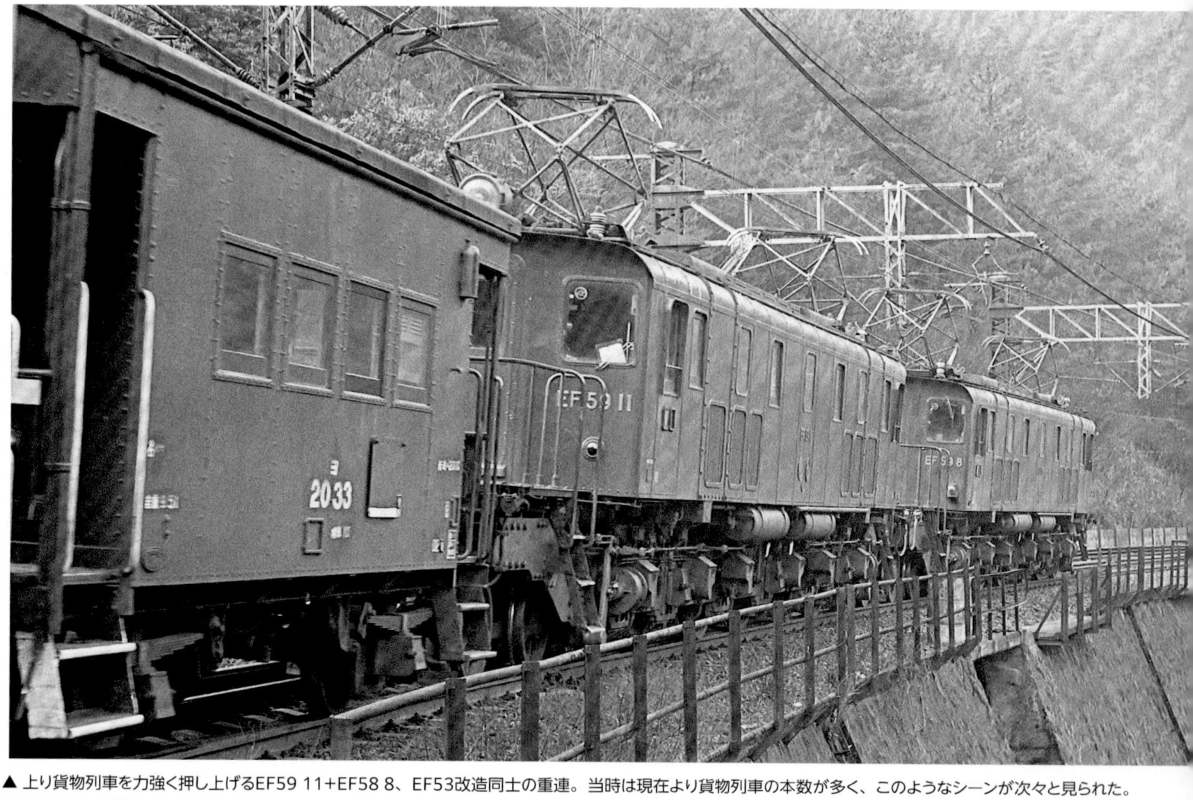

▲ 上り貨物列車を力強く押し上げるEF59 11+EF58 8、EF53改造同士の重連。当時は現在より貨物列車の本数が多く、このようなシーンが次々と見られた。1978.3.15　瀬野~八本松　P:松尾よしたか

瀬野機関区のEF59 前編

はじめに

日本の大動脈東海道・山陽本線の中で、瀬野～八本松間の通称「セノハチ」越えは、丹那トンネル開通以後に残った最後の難所である。上り列車に対し20パーミル以上の勾配が連続し、蒸機の頃から後押し補機が奮闘してきた。1962（昭和37）年5月に山陽本線の電化が三原から広島まで延伸され、この区間も架線の下となった。しかし、補機専用の電機の投入は少し遅れ、しばらくはD52による補機運用が続く。「セノハチ」の補機専用の電機は、新製と改造を含めいくつかの案が検討されたと言われているが、採用されたのは戦前製旅客用電機EF53の改造だった。

EF53は1932～34（昭和7～9）年に19輌が製造された。車体は「ひさし付」EF10と同等で、これに2軸先台車が組み合わされ、風格に満ちたスタイルとなっている。補機化改造の内容は、歯車比の低速化（2.63→3.67）、重連補機運用に備えた総括制御機能の追加、走行開放用の連結器自動解錠装置の追加といったもの。形式はEF59となった。

1963（昭和38）年4月にEF59 1・2が落成し、各種試験を繰り返した後、同年10月からEF53 3以降の改造が進む。配置は瀬野機関区で、同区のD52を置き換えていった。そして、補機運用を続ける過程で仕様が改良されていく。「セノハチ」は上り列車に対する片勾配なので、後押しの任務を終えたEF59は単機回送で麓に戻る。その際の安全性向上のため、運用開始からしばらくして、下り側（2エンド側）の前面腰板にゼブラの警戒色を追加。また、10000系高速貨車の導入に際し、上り側（1エンド側）の連結器が空気管付密着自動連結器に改められた。

EF59への改造は輸送需要に合わせて段階的に進められ、途中からは改造当初より上記の仕様となる。そして、1968（昭和43）年までにEF53全19輌の改造を終え、EF59 1～19が出揃った。なお、改造は種車の機番と無関係の順序で行なわれたので、新旧の機番の関係はランダムになっている。その後、EF56からの改造機5輌（EF59 20～24）も加わる。

総勢24輌の布陣となったEF59のうち、前編では1～14号機のディテールを見ていく。

▲EF59 1·2による試験運転時の点検風景。1963.9.4　八本松　P:小林正義

1　瀬野機関区 EF59 1~14号機の履歴

参考文献:月刊『レイル・マガジン』2008年10月号特別付録/沖田祐作　編『機関車表　国鉄編監)　電気機関車・内燃機関車の部』

■EF59 1

1932.12.17	EF53 8として製造 (日立製作所笠戸工場)
1962.12.26	瀬野に転属
1963.4.13	EF59 1に改造(鷹取工場)
1984.2.1	広島に転属
1987.3.2	廃車(最終配置:広島)

■EF59 2

1932.12	EF53 9として製造 (汽車/東芝)
1962.12.26	瀬野に転属
1963.4.23	EF59 2に改造(鷹取工場)
1978.10.20	廃車(最終配置:瀬野)

■EF59 3

1932.5	EF53 3として製造 (汽車/東芝)
1963.10.15	EF59 3に改造(鷹取工場)
1963.10.27	瀬野に配置
1984.2.1	広島に転属
1984.6.4	廃車(最終配置:広島)

■EF59 4

1932.12	EF53 11として製造 (川崎重工兵庫工場)
1963.7.18	瀬野に転属
1963.11.7	EF59 4に改造(鷹取工場)
1979.7.20	廃車(最終配置:瀬野)

■EF59 5

1933.3	EF53 12として製造 (川崎重工兵庫工場)
1963.9.24(9.25?)	瀬野に転属
1963.11.25	EF59 5に改造(鷹取工場)
1984.2.1	広島に転属
1984.7.30	廃車(最終配置:広島)

■EF59 6

1932.5	EF53 5として製造 (川崎重工兵庫工場)
1963.10.16(12.21?)	瀬野に転属
1964.12.17	EF59 6に改造(鷹取工場)
1984.2.1	広島に転属
1984.6.4	廃車(最終配置:広島)

■EF59 7

1932.5	EF53 6として製造 (川崎重工兵庫工場)
1963.11.23	瀬野に転属
1964.10.10	EF59 7に改造(鷹取工場)
1984.2.1	広島に転属
1984.11.30	廃車(最終配置:広島)

■EF59 8

1932.11.15	EF53 7として製造 (日立製作所笠戸工場)
1963.12.8	瀬野に転属
1964.2.5	EF59 8に改造(鷹取工場)
1984.2.1	広島に転属
1984.10.1	廃車(最終配置:広島)

■EF59 9

1932.5.24	EF53 4として製造 (三菱神戸/三菱電機)
1963.12.27	瀬野に転属
1964.2.27	EF59 9に改造(鷹取工場)
1984.2.1	広島に転属
1984.11.5	廃車(最終配置:広島)

■EF59 10

1932.5.6	EF53 1として製造 (日立製作所笠戸工場)
1964.3.6	瀬野に転属
1964.5.25	EF59 10に改造(鷹取工場)
1984.2.1	広島に転属
1987.3	下関に転属
1984.4.1	JR西日本に継承
2006.6.30	廃車(最終配置:下関)

■EF59 11

1932.4	EF53 2として製造 (汽車/東芝)
1963	瀬野に転属
1964.4.20	EF59 11に改造(鷹取工場)
1984.2.1	広島に転属
1985.2.4	廃車(最終配置:広島)

■EF59 12

1932.12.3	EF53 10として製造 (三菱神戸/三菱電機)
1964.4.20	瀬野に転属
1964.6.21	EF59 12に改造(鷹取工場)
1978.11.27	廃車(最終配置:瀬野)

■EF59 13

1934.10	EF53 19として製造 (川崎重工兵庫工場)
1964.5.23	瀬野に転属
1964.7.3(7.2?)	EF59 13に改造(鷹取工場)
1978.11.27	廃車(最終配置:瀬野)

■EF59 14

1934.8	EF53 16として製造 (汽車/東芝)
1965.8.11	瀬野に転属
1965.10.9	EF59 14に改造(鷹取工場)
1978.12.27	廃車(最終配置:瀬野)

注:EF59の種車の番号については諸説があるが、上記は従来からの鉄道関連文献に記されたものに従っている。

2　瀬野機関区 EF59 1～14号機のディテール

▲ 改造翌年のEF59 1の姿。1エンド側は自動連結器のままで、信号炎管も未装着。連結器解放テコ向かって左側に、自動解放用のシリンダーがある。1964.11.24
瀬野機関区　P:小林正義

EF59 1

▲ 改造から間もない、試験運転をしていた当時のEF59 1。2エンド側にゼブラの警戒色はない。機関士席直後の側面窓に保護棒があるが、翌年撮影された前頁写真では、これがなくなっている。表紙には警戒色が加わった本機の写真がある。1963.8.30　瀬野機関区　P:小林正義

▲ 重連後部補機2輌目の運用に就き、出区を待つEF59 1。重連総括用のジャンパーホースが接続されている。1965年頃　瀬野機関区　P:高木史雄

▲ 1963年8月当時のEF59 1の2エンド側車端部を見る。デッキのステップの部材はかなり薄い。ATS搭載前なのでその標記がない。1963.8.30　瀬野機関区
P:小林正義

▲ EF59はナンバーが切抜文字になっている。日立の製造銘板の下にはEF59化改造を担当した鷹取工場の銘板が貼られている。遅い時期に改造されたEF59はナンバーがブロック化される。1963.8.30　瀬野機関区　P:小林正義

▲ 機関庫で整備中のEF59 1。10頁の写真と比べると、1エンド側の空気管付密着自動連結器、大型の排障器、ダブルアーム化された機関士側ワイパー、反射板のない標識灯が異なる。1974.9.4　瀬野機関区　P：城戸昌嗣

▲ 1974年時点のEF59 2の運転室左右側面窓には横方向に1本の保護棒が付いている。1974.9.4　瀬野　P:城戸昌嗣

▲ EF59 2の側面には電装系の東芝と車体系の汽車会社の製造銘板、そして鷹取工場の改造銘板が並んでいる。1974.9.4
瀬野機関区　P:城戸昌嗣

▲ 改造翌年のEF59 2。1エンド側の連結器が自連で、前頁写真と印象が大きく異なる。この時点では運転室側面窓に保護棒がない。また、10頁写真のEF59 1では前照灯の真下にあるフックが、本機はやや横にオフセットしている。1964.11.24　瀬野機関区　P：小林正義

EF592

▲ EF59 3を1エンド側から見る。この頃になるとパンタグラフのシュー先端が白く塗られ、屋根の肩にシューの位置を示す白線が入っている。これらをモデルで再現すると目立つアクセントとなるだろう。1972.3.1　瀬野機関区　P:小林正義

EF59 3

▲ EF59 3の1エンド側正面。前面ドア脇のステップは、直角に折れて前面に接合する部分も表面が網目になっている。避雷器は向かって左にある。1972.3.1 瀬野機関区　P:小林正義

▲EF59 3はEF59 1·2と異なり、前面ドアの縁にリベットが並んでいる。ワイパーは左右ともシングルアーム。1974.9.4　瀬野機関区　P:城戸昌嗣

▲1974年時点のEF59 4はワイパーが左右ともダブルアームになっている。避雷器の形状と位置はEF59 3と同じ。1974.9.4　瀬野機関区　P:城戸昌嗣

EF59 5

▲ 信号炎管が付いて間もない頃のEF59 5を1エンド側から見る。この頃は標識灯に反射板があり、開いた時、上あるいは下に閉じた時で表情が異なる。1965年頃　瀬野機関区　P:高木史雄

◀ EF59は使用過程でデッキ上に直方体の道具箱が追加されているが、本機は2エンド側のみとなっている。1965年頃　瀬野機関区　P:高木史雄

▲ 旅客列車(荷物列車含む)の補機は広島で連結したので、広島駅でも日常的にEF59を見ることができた。このEF59 6は1エンド側デッキにも道具箱がある。ワイパーは左右とも軸が外側にあり、根元が屈曲したシングルアームとなっている。1972.2.29　P:小林正義

EF59 6

▲2エンド側から見たEF59 6。こちらのデッキにも道具箱がある。また、台車端梁も警戒色になっている。1972.2.29　広島　P:小林正義

▲ 登場したばかりの14系寝台客車の試運転列車が広島を発車。その後部補機をEF59 6が務める。ちなみに、この列車の本務機はEF58 114だった。1972.2.29
P: 小林正義

▲ 1エンド側の連結器が自連だった頃のEF59 6。デッキの道具箱もまだない。重連総括用のホースがデッキの下を通っているのが見える。1965年頃　瀬野機関区
P: 高木史雄

EF59 7

▲ EF59 7を1エンド側から見る。側面の外板とガラスの段差が窓により異なる点にも注目したい。本機はEF59 3と同様、前面ドアの縁にリベットが並んでいる。
1974.9.4　瀬野　P:城戸昌嗣

▲ 信号炎管とATSを装着したが、警戒色がまだなかった時期のEF59 7。2エンド側デッキには道具箱が追加されている。また、2エンド側機関士席側面窓には保護棒がない。1965年頃　瀬野機関区　P:高木史雄

▲ 空気管付密着自動連結器を装着してからのEF59 7を1エンド側から見る。前頁下の写真と比べ、この時点では2エンド側機関士席側面窓に保護棒が付いている。
1972.3.1　瀬野機関区　P:小林正義

▲ 2エンドに警戒色がまだない頃、標識灯の反射板を左右とも開いて停車中のEF59 7。この時点ではどの側面窓にも保護棒が付いていない。1964.11.24　瀬野機関区
P:小林正義

▲EF59 7の1エンド側正面。妻板の上の縁、屋根のひさしの影で目立たないところにもリベットが並んでいる。1974.9.4　瀬野機関区　P:城戸昌嗣

▲ 広島工場で台車検査から出場し、瀬野機関区への単機回送で発車を待つEF59 7。機関助士席窓から、室内に置かれた扇風機が見える。1979.3.26　広島
P: 松尾よしたか

▲ EF59 7の側面には長方形の川崎の製造銘板と、楕円形の鷹取工場の改造銘板が貼られている。1979.3.26　広島
P: 松尾よしたか

EF59 8

EF59 8

▲ EF59 11(奥)とEF59 8(手前)の重連補機を連結の後、早朝の瀬野駅を発車する上り一般貨物列車。しんがりを務めるEF59 8とともに、貨物編成最後部のワフも標識灯を点灯している。1978.3.15　P:松尾よしたか

▲前頁の写真より10年以上前に同じ場所で、やはり後部補機2輌目のEF59 8を、反対側から撮影したカット。重連総括制御で運転しているので本機には機関士が乗っていない。1965年頃　瀬野　P:高木史雄

▲2エンド側から見たEF59 8。ワイパーは左右ともダブルアームで、前照灯下のフックは向かって左側にある。1978.3.15　瀬野機関区　P:松尾よしたか

EF59 9

▲重連後部補機の1輌目の運用に就いたEF59 9。本機のワイパーは左右とも真っ直ぐなシングルアーム。1965年頃　瀬野　P:高木史雄

▲EF59 9の2エンド側をサイドから見る。すでにATSが装着され、区名札の下に「S」の標記がある。1965年頃　瀬野機関区　P:高木史雄

▲1エンド側から見たEF59 9の全景。側面窓に保護棒がなく、まだ連結器は自連。種車EF53のイメージをよく残している。1965年頃　瀬野機関区　P:高木史雄

EF59

EF59 9

▲2エンド側の標識灯反射板を左右とも開いた、まだ警戒色のない時期のEF59 9。速度計は2エンド側左第1動輪の軸箱に付いている。1964.11.24　瀬野機関区
P:小林正義

EF59 10

▲EF59 10の1エンド側正面。前面ドアの縁にリベットがあり、ワイパーは左右ともまっすぐなシングルアーム。1974.9.4　瀬野機関区　P:城戸昌嗣

▲ EF59 10の1エンド側車端部を見る。台車枠の並ぶボルトは頭のサイズが複数ある。モデルでは先輪の台車枠に対するクリアランスが厳しくなる。1974.9.4
瀬野機関区　P:城戸昌嗣

▲ 警戒色がない頃のEF59 10の2エンド側。上の写真と比べ、排障器の大きさが異なる。本機はEF59で唯一JR西日本に車籍が継承されたが、実際に稼動することがないまま2006(平成18)年に廃車となった。1965年頃　瀬野機関区　P:高木史雄

▲2エンド側から見たEF59 10。本機の道具箱はこちらのデッキ上のみ。台車端梁も警戒色になっているが、かなりかすれている。1978.3.15　瀬野機関区　P:松尾よしたか

◀EF59 6·16と連なって待機するEF59 10。この角度で見ると、台車枠が車体側面よりかなり奥にあり、軸箱や砂箱の厚さがよく目立つ。ファインスケールで模型化した場合、そのメリットが大いに発揮される部分である。1979.3.25　瀬野機関区　P:松尾よしたか

▶EF59の整備を受け持つ広島工場では、ELのパンタグラフを下枠交差のPS22Bに交換する事例が少なくなく、一部のEF59は末期にPS22Bを搭載するものがあった。写真は雪のちらつくなか回送運転中のEF59 10。1984.1.17　瀬野～八本松　P:青柳 明

▲EF59 11を1エンド側から見る。標識灯が埋込式に改造されている。ワイパーは窓の下に軸がある。1974.9.4　瀬野機関区　P:城戸昌嗣

▲ホームから撮影したEF59 11。この角度からはデッキの広さが目立つ。本機も前面ドアの縁にリベットがある。1974.9.4　瀬野　P:城戸昌嗣

▲EF59 11の2エンド側正面。台車端梁の警戒色がかすれている。埋込式標識灯の枠も黄色と黒に塗り分けられている。1974.9.4　瀬野機関区　P:城戸昌嗣

▲2エンド側から見たEF59 11の全景。ワイパーが前頁のシングルアームから、ダブルアームに変わっている。1978.3.15　瀬野機関区　P:松尾よしたか

EF59 12

▲1エンド側の連結器が自連だった頃に撮影されたEF59 6およびEF59 12。本機は前照灯の真下にフックがある。1965年頃　瀬野機関区　P:高木史雄

▲ EF59 16と重連を組み、上り貨物列車を押し上げるEF59 12。2輌で屋根上のモニター上面の吊り金具の位置が異なる。また、パンタグラフのシュー先端の白塗装と、屋根肩のシュー位置の白いマークは、これだけ離れて見ても目立つ。1978.3.15　瀬野～八本松　P:松尾よしたか

▲ 1エンド側から見たEF59 13。ワイパーは下に軸があるシングルアーム。EF59 1～12と比べ、デッキ手スリ根元のカラーが上下方向に長い。1972.3.1　瀬野機関区
P:小林正義

▲ EF59 13は車体側面裾のリベットが一部を除き無くなっている。1965年頃　瀬野機関区　P:高木史雄

EF59 14

▲ EF56改造のEF59 20と重連を組み、貨物列車の補機運用に備え待機するEF59 14。本機もEF59 13と同様、デッキの手スリ根元のカラーが長い。1978.3.15
瀬野機関区　P:松尾よしたか

3　EF59形電気機関車形式図

形式図図面番号 ＥＣ 03727

製造所　日立製作所、芝浦製作所、汽車製造会社、{東洋電機会社、日本車両会社}、{三菱電機会社、三菱神戸造船所}、{川崎車両会社、川崎造船所}

改造所　鷹取工場

2C＋C2　電気機関車　　形式 EF 59

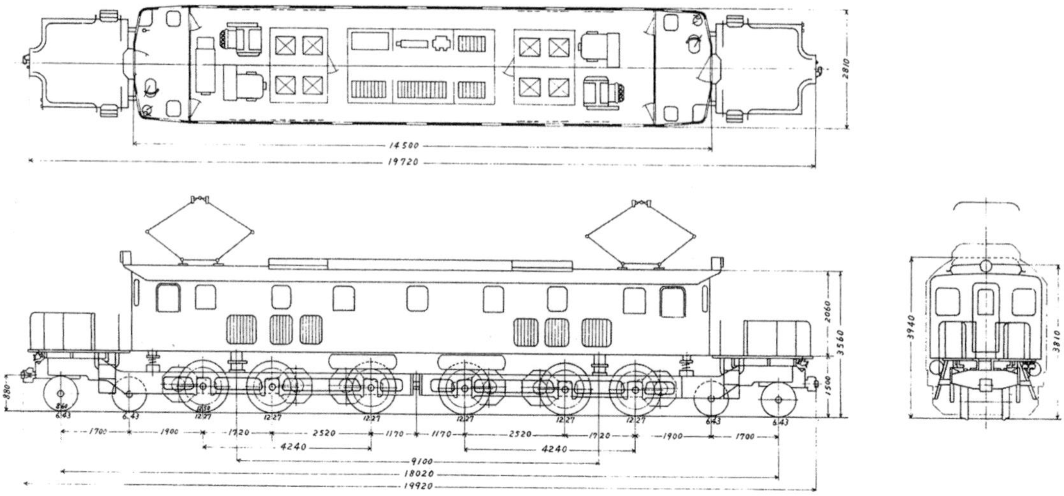

機関車重量
　運転整備重量……99.34t
　〃　動輪上重量……73.62t
　空車重量……98.83t
電気方式……直流1500V
機関車容量（線電圧1350V／時）
　1時間定格出力……1350kW
　〃　引張力（全界磁）……11700kg
　〃　速度（〃）……42km／時
電動機形式……MT17　MT17A

電動機個数……6
最高許容速度……90km／時
動力伝達装置
　1段式歯車減速，ツリカケ式
　歯数比……21：77＝1：3.67
制御方式
　直並3段組合セ弱界磁制御
制御装置
　電磁空気単位スイッチ式
　制御回路電圧……100V

ブレーキ装置
　EL14A空気ブレーキ
　手ブレーキ
台車形式
　先台車形式……LT214，LT215（EF537以降）
製造初年……昭和7年
改造前形式……EF53
改造年……昭和38年

前編のまとめ

EF59は後部補機専用ながら運用にはバラエティがあった。一般貨物列車は瀬野に停車して補機を連結し、構内が狭い八本松は通過のうえ、西条に停車して解放。長編成の列車の補機は重連となり、迫力あるシーンを演じている。これに対し、瀬野に停車しない高速貨物列車、優等旅客列車および荷物列車は、それぞれ東広島貨物駅、広島駅で停車中に補機を連結し、八本松で走行解放した。これらの列車は編成が比較的軽量なので、補機は単機で担当している。

補機の任務を終えたEF59は、単機回送で麓側に戻るのだが、大動脈山陽本線は列車運転密度が高く、そう多くの回送のスジを入れることはできない。そこで、複数の補機運用をまとめる措置が採られ、四重連や六重連の単機回送が見られ、これも名物だった。

24輌の仲間で「セノハチ」越えの補機運用を独占的に担当したEF59だが、EF61 200番代（EF60初期車改造）の運用開始にともない、1978（昭和53）年に廃車が始まる。元々は、このEF61 200番代に加えEF61改造の同100番代を投入し、EF59を全面的に置き換える計画だった。しかし、EF61 200番代が登場した時点で、重連での補機運用に問題があることが判明。そのため改造は200番代の一部だけで終了し、100番代は計画だけの幻に終わる。そして、重連補機運用はEF59のまま残され、思いがけず延命したのであった。最終的には貨物輸送削減とEF67（EF60後期車改造）の投入により、EF59は1986（昭和61）年に運用を終える。種車がD52より前に製造されたEF59が国鉄最後の戦前製電機となり、JR移行直前まで稼動を続けたというのは、驚くべきことと言えよう。

瀬野機関区のEF59 後編

後編のはじめに

前編に引き続き、後編では15～24号機のディテールをお届けする。番号順に写真を掲載しているが、今回登場するのは15号機からラストナンバーの24号機まで。前述の通りEF59はもともとEF53の改造で、全19輌の改造が完了するのは「ヨン・サン・トウ」ダイヤ白紙改正直前の1968(昭和43)年8月だった。

その「ヨン・サン・トウ」の後も山陽本線の輸送需要は拡大するが、既に種車のEF53は出尽くしていたので、今度はEF56が種車に選ばれた。EF56は動力系がEF53と同等で、客車暖房用蒸気発生装置を追加して誕生した機関車である。したがって、蒸気発生装置を撤去し歯車比変更などの改造をすれば、EF53改造機と問題なく共通運用できるというわけだ。

EF56は車体に溶接技術が導入され、外観スタイルはEF53から大きく変わり、蒸気発生装置を避けてパンタグラフを車体中央に寄せたのも大きな特徴。1937～40(昭和12～15)年に全12輌が製造されたうち、1～7号機は車体が丸みを帯びており、8～12号機は角型となっている。つまり、EF53とEF56を合わせると、EF10の「ひさし付」「丸型」「角型」に相当する車体形状のバリエーションが揃うわけである。EF56からEF59への改造は、1969(昭和44)年に「丸型」が3輌、1972(昭和47)年に「丸型」と「角型」が各1輌行なわれ、EF59 20～24が出揃った。外観が一部変化したとはいえ、戦前製旅客電機の面影を残すクラシックなデッキ付きF級機が集結している様子は実に壮観であった。

▲EF53改造機にEF56改造機が加わり、EF59は趣味的に一段と面白くなった。 1974.9.4 瀬野機関区 P:城戸昌嗣

1 瀬野機関区 EF59 15〜24号機の履歴

参考文献:月刊『レイル・マガジン』2008年10月号特別付録/沖田祐作 編『機関車表 国鉄編監 電気機関車・内燃機関車の部』

■EF59 15の履歴

1934.10.10	EF53 18として製造(川崎重工兵庫工場)
1965.7.18	瀬野に転属
1965.10.13	EF59 15に改造(鷹取工場)
1984.2.1	広島に転属
1984.10.1	廃車(最終配置:広島)

■EF59 16の履歴

1934.10.12	EF53 17として製造(三菱神戸/三菱電機)
1965.9.16	瀬野に転属
1965.10.22 (10.13?)	EF59 16に改造(鷹取工場)
1984.2.1	広島に転属
1984.7.30	廃車(最終配置:広島)

■EF59 17の履歴

1934.11.12	EF53 14として製造(日車名古屋/東洋電機)
1968.5.14	瀬野に転属
1968.7.11	EF59 17に改造(鷹取工場)
1978.11.17	廃車(最終配置:瀬野)

■EF59 18の履歴

1934.9.12	EF53 15として製造(日立製作所笠戸工場)
1968.6.30	瀬野に転属
1968.8.13	EF59 18に改造(浜松工場)
1984.2.1	広島に転属
1986.2.10	廃車(最終配置:広島)

■EF59 19の履歴

1934.8.1	EF53 13として製造(日車名古屋/東洋電機)
1968.9.24	瀬野に転属
1968.9.24	EF59 19に改造(浜松工場)
1978.10.20	廃車(最終配置:瀬野)

■EF59 20の履歴

1937.10.5	EF56 1として製造(三菱神戸/三菱電機)
1969.12.27	瀬野に転属
1969.12.27	EF59 20に改造(鷹取工場)
1979.5.30	廃車(最終配置:瀬野)

■EF59 21の履歴

1937.8	EF56 2として製造(川崎重工兵庫工場)
1969.10.24	瀬野に転属
1969.12.9	EF59 21に改造(鷹取工場)
1984.2.1	広島に転属
1987.3.2	廃車(最終配置:広島)

■EF59 22の履歴

1937.9.30	EF56 3として製造(川崎重工兵庫工場)
1972.7.30	瀬野に転属
1972.7.30	EF59 22に改造(広島工場)
1979.8.8	廃車(最終配置:瀬野)

■EF59 23の履歴

1939.3.31	EF56 5として製造(三菱神戸/三菱電機)
1972.3	EF59 23に改造(鷹取工場)
1972.3	瀬野に転属
1979.7.20	廃車(最終配置:瀬野)

■EF59 24の履歴

1940.5.31	EF56 12として製造(川崎重工兵庫工場)
1972.3.31	EF59 24に改造(鷹取工場)
1972.3.31	瀬野に転属
1979.8.8	廃車(最終配置:瀬野)

注:EF59の種車の番号については諸説があるが、上記は従来からの鉄道関連文献に記されたものに従っている。

2　瀬野機関区 EF59 15〜24号機のディテール

EF59 15

▲EF59の改造種車であるEF53 18は、EF58 60·61登場以前のお召機だった。EF59に改造後も区名札の横には、お召機当時の名札差しが残っていた。この車輌を含めてEF59の種車であるEF53は、13号機以降の二次車はデッキの幅が狭く台車枠と同じ幅である。1974.9.4　瀬野機関区　P:城戸昌嗣

EF59 16

▲ EF59 16は前頁のEF59 15と同様、避雷器は円筒型で屋根前端右側にある。本機は運転室左右の窓に保護棒が1本ずつある。車体の屋根肩にある白い線は、パンタグラフのシューの位置を示すマーク。1974.9.4　瀬野機関区　P:城戸昌嗣

▲EF59 16のワイパーは窓下に軸がある。避雷器は本来地面に対し垂直なはずだが、少し内側に傾いている。1974.9.4　瀬野機関区　P:城戸昌嗣

▲EF59 16の種車EF53 17も元お召機で名札差しがある。1974.9.4　瀬野機関区　P:城戸昌嗣

▲重連総括制御、空気管付密着自動連結器、連結器自動解放装置により、第1エンド端梁は非常に賑やかな印象。1974.9.4　瀬野機関区　P:城戸昌嗣

▲EF59 15・16と異なり、EF59 17の標識灯は埋込式。瀬野機関区構内では、このようにパンタグラフを片方だけ上げて待機していた。1978.3.15　瀬野機関区
P:松尾よしたか

▲ EF59 17の側面ナンバーの下には、東洋電機と日本車輛の製造銘板と鷹取工場の改造銘板がある。1974.9.4　瀬野機関区　P:城戸昌嗣

▲ 側面のナンバーは切抜文字で、その下に日立の製造銘板と浜松工場の改造銘板がある、EF59 1～17は鷹取工場改造だが、18・19号機は浜松工場改造。1974.9.4　瀬野機関区　P:城戸昌嗣

▲ EF53から改造機のうち、この 18号機と19号機の前面のナンバーは1〜17号機と異なり、ブロック式となっている。本機はデッキが台車枠から浮いているが、15・16号機のようにこの部分にカバーが付いたものもある。1974.9.4　瀬野機関区　P:城戸昌嗣

▲ EF59 18を先頭にした、西条から瀬野までの補機の回送。次位はEF59 22で、さらに2輌のEF59が連なった四重連単機である。1978.3.15　八本松～瀬野
P:松尾よしたか

EF59 19

▲ EF59 18と同様に前面のプレートがブロック式のEF59 19。2エンド側妻板はゼブラ塗装だが、ブロック式ナンバーの地は茶色一色である。また、18·19号機とも前面窓はHゴム化され、埋込式標識灯を備える。空気管は端梁右側よりツリアイ管、元空気ダメ管、ブレーキ管の順に並んでいる。
1974.9.4　瀬野機関区　P:城戸昌嗣

◀ EF53の動輪用板バネの枚数は10枚（親バネ2枚+子バネ8枚）だったが、EF59化改造による重量増加に対応し12枚（親バネ3枚+子バネ9枚）に強化された。このEF59 19の速度計は2エンド側左第2動輪に付いている。1974.9.4　瀬野機関区　P：城戸昌嗣

▶ 瀬野機関区構内に休車で留置されたEF59 19（手前）とEF59 2（奥）。この2輌はEF59のトップを切って1978年10月に廃車となる。
1978.3.15　瀬野機関区　P：松尾よしたか

▲ EF56のトップナンバーを改造したEF59 20。流線型の時代に生まれた丸みのある車体は、前面窓がHゴム化されず標識灯も引掛式のままで、原形の美しさを保っている。空気管は端梁左側よりツリアイ管、元空気ダメ管。連結器右下はブレーキ管。ブレーキ管コックの上は電気連結器動作用の空気管。その右の急角度に曲がっているのがブレーキ管、さらにその右のゆるくカーブしているパイプは連結器上のブレーキ管に継がる空気管。1972.3.1　瀬野機関区　P:小林正義

▲ 丸型車体のEF56の台車枠の形状は、EF53に準じている。1エンド側には10000系貨車に対応した空気管付密着自動連結器を装着。これが自在継手付のため前端梁を切り欠き、胴受はバネで支えるものに改造。さらに首振りに対する復心装置も付いている。また、重連総括の装備として向かって左側にツリアイ空気管と元空気ダメ引き通しの連結ホース、右側に2本の19芯形ジャンパー栓も備える。これらの装備はEF53改造機もEF56改造機も共通である。1972.3.1　瀬野機関区　P:小林正義

▲ EF59 20の車体は丸型で前面にゆるやかなRがあるのに対し、窓ガラスは平面である。モデルでは窓セルの貼り方に注意を払いたいところ。1974.9.4　瀬野機関区
P:城戸昌嗣

●コラム

EF59の1エンド連結器廻り

TEXT：青柳　明（RMM）／協力：小林正義

10000系高速貨車導入以前のEF59は、山側に重連総括用のジャンパーが二箇所、海側（1-3位側）に元空気ダメ管を引き通したのと、1エンド（東京方）に連結器の自動解放シリンダーを装備しただけのシンプルな改造だった。しかし、高速貨車の空気管付き密着自動連結器の採用で大改造を受けて、その1エンド側の表情を大きく変えた。

空気管付き密着自動連結器への交換では、それまでの自動連結器では左右動こそあったものの、上下動はナックル間のすべりで逃げていたが、密着自動連結器では連結器同士が一本の棒のようになるので、上下動を許すために連結器は自在継手付きとなった。それに付随して胴受けと復心装置、自動連結器装備車と連結したときに上下動を止めるストッパーが連結器周辺に新たに設けられた。この改造のため台車枠の端鋳物（端梁）も大きく形を変えている。また、密着自連に設けられた空気管はEF65 F、EF66、10000系貨車では連結器の上にブレーキ管2本、下に元空気ダメ管2本であるが、EF59は上のブレーキ管2本のみの装備である。

連結器廻りとは別に、空気管では元空気ダメ管の外側にツリアイ管が新設されたほか、1エンド側の従来のブレーキ管も取り回しが変更され、連結器に設けられたブレーキ管に向かうエアホースが端梁の右端から弧を描いて連結器下へ潜り込むのが目立つ。また、電気連結器を押すための空気管の存在も見過ごせない。これらの空気配管も後付けのため端鋳物（端梁）を貫通せず、外側を迂回しているのでけっこう目立つ存在であるし、配管の取り回しに個体差があるので見所のひとつであろう。また、連結器の下には、後押し後の走行解放に先駆け10000系の緩急車のブレーキ管を締め切るための指令用電気連結器も新設され、写真の角度によっては奥に電連を押すシリンダーが見える。

ほかには連結器の解放テコの形状も種車とは異なっているのと、連結器自動解放用空気シリンダーが海側（1位）に設置されている点、連結器の上下動を規制するための並連（自連）ー密着自連の切り替えコックの設置が特徴である。

▶ EF59 20の製造銘板は、三菱電機と三菱重工をまとめた1枚。改造銘板は鷹取工場のものだが、65頁掲載の17号機のものとは様式が異なる。
1974.9.4　瀬野機関区　P：城戸昌嗣

▲ 溶接による丸みのある車体で、EF53改造機とまるでイメージが異なるEF59 20。模型化の際は屋根周囲のRの寸法が重要なキーとなる。この写真は検査出場から間もない時の撮影で、塗装に光沢があり速度計の色もよく目立つ。1974.9.4　瀬野機関区　P: 城戸昌嗣

▲ EF59 20は運転室左(機関士側)の側面窓に保護棒がある。2エンド側の保護棒は傾いていて、いかにも後から追加したという感じだ。機械室の窓にもシルエットが透ける箇所があるのに注目。1974.9.4　瀬野機関区　P: 城戸昌嗣

▲ 2エンド側から見たEF59 20。台車端梁もゼブラに塗られている。向かって左側の2個のジャンパー栓と右側のツリアイ管と元空気ダメ管の連結ホースが重連総括用に追加されたが、2エンド側は端梁自体の形は種車から変わらず、連結器も自連のままである。1974.9.4　瀬野機関区　P:城戸昌嗣

▲ EF59 20の1エンド側サイド。デッキと台車枠の隙間にはカバーがある。EF56改造機の場合、蒸気発生装置の撤去で重量が若干減少したが、動輪の板バネは種車のまま12枚(親バネ3枚+子バネ9枚)である。1974.9.4　瀬野機関区　P:城戸昌嗣

▲ 賑やかな1エンド側端梁。台車枠側面の細い配管は連結器自動解放装置のシリンダーへの空気管。シリンダーが解放テコを押す構造がわかる。なお、この装置はセノハチの補機用D52に装着したものと同等である。1974.9.4　瀬野機関区　P:城戸昌嗣

▲ 密着自動連結器の上左右にブレーキ管がある。連結器下にはリンクで吊った電気連結器KE84Aがあり、10000系貨車との連結時にはエアで前に出て相手側に密着する。この電気連結器は、自動解放時にEF59からの電気指令で10000系緩急車のブレーキ管の電磁弁を締め切る機能を持つ。1974.9.4　瀬野機関区　P:城戸昌嗣

▲ 1エンド側の車体とデッキの間にも重連総括のジャンパー線と空気管が通っている。1974.9.4　瀬野機関区　P:城戸昌嗣

▲ 先台車はパシフィックの旅客用蒸機の2軸先台車と類似している。1974.9.4　瀬野機関区　P:城戸昌嗣

▲ 2エンド側の台車を左前から見る。ブレーキシリンダーや砂箱には厚みがある。1974.9.4　瀬野機関区　P:城戸昌嗣

▲ 1エンド側台車の左側。第2·3動輪間のブレーキロッドは大きく外側に出ていて、エアータンクとのクリアランスはわずかである。1974.9.4　瀬野機関区
P: 城戸昌嗣

▲ 台車枠越しに第2動輪の電動機が見える。1974.9.4　瀬野機関区　P: 城戸昌嗣

▲1エンド側の第1動輪付近。ブレーキロッドはターンバックルになっていて、第3動輪の軸箱付近の断面は六角形である。1974.9.4　瀬野機関区　P:城戸昌嗣

▲2-4位側から見た(左が1エンド)、両台車の中間部分。ATS車上子は2エンド側台車に吊られている。1974.9.4　瀬野機関区　P:城戸昌嗣

▲ 台車後端と車体の間も複雑な構造。モデルではこの部分のシルエットの処理が課題となろう。1974.9.4　瀬野機関区　P:城戸昌嗣

▲2エンド側第3動輪付近。ここも電動機がよく見える。1974.9.4　瀬野機関区　P:城戸昌嗣

▲2エンド側右前方の台車枠をのぞき込む。前端梁が鋳造であることがわかる。1974.9.4　瀬野機関区　P:城戸昌嗣

▲2エンド側右側から見た第1先輪。先台車内側には車軸が露出している。1974.9.4　瀬野機関区　P:城戸昌嗣

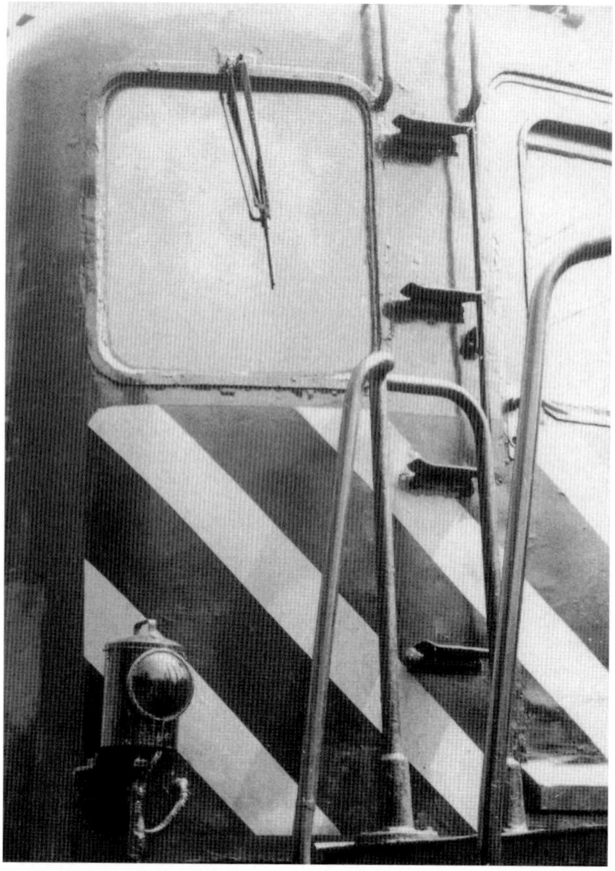

▲ 標識灯の電線管は妻板を貫通している。1974.9.4　瀬野機関区　P:城戸昌嗣

▲ 前面ドア脇の４段のステップには、細い縦方向の手スリが追加されている。1974.9.4　瀬野機関区　P:城戸昌嗣

▲ 気笛は短い方が前で、磨き出しではなく塗装されている。1974.9.4　瀬野機関区　P:城戸昌嗣

▶ 屋根上のランボードは途中で形状が変わっている。76頁掲載の写真と合わせてご覧いただきたい。1976.9.4　瀬野機関区　P：城戸昌嗣

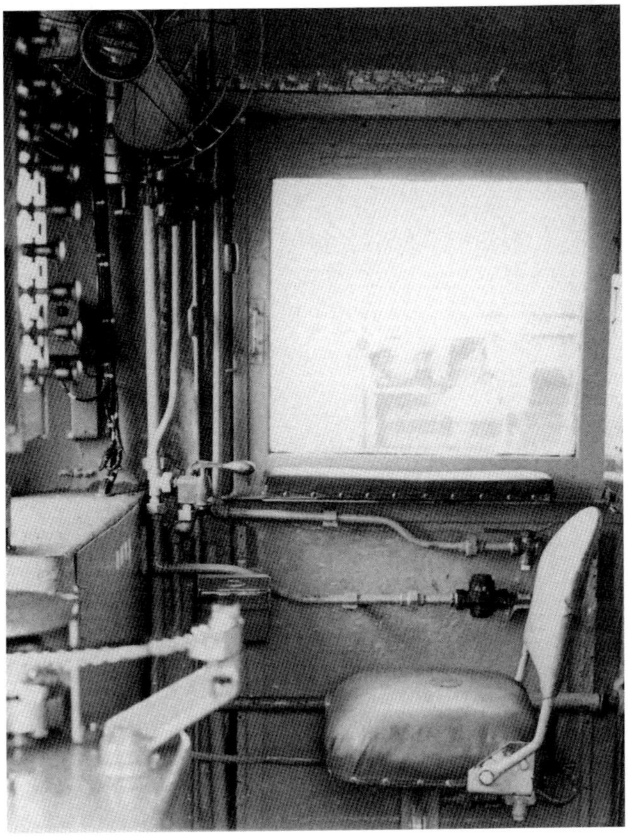

運転室内部を見る。機関士席にあるメーターやスイッチ類が賑やかだ。機関士席、助士席とも側面窓内側に肘掛けがある。1974.9.4　瀬野機関区
P(3点共)：城戸昌嗣

EF59 21

▲1エンド側正面から見たEF59 21。71頁のEF59 20と比べると、端梁向かって右側の並連(自連)と密着自連の切替レバー(「並−密」と表示された部分)の形状が異なる。
1979.9.4　瀬野機関区　P：城戸昌嗣

▲EF56改造機のうちEF59 21は唯一解体されず、現在もJR貨物広島車両所で保管されている。1974.9.4　瀬野機関区　P:城戸昌嗣

EF59 22

▲EF59のうち22号機は唯一、地元広島工場で改造された。1974.9.4　瀬野機関区　P:城戸昌嗣

▲ EF56改造機のうちEF59 22のみ前面のナンバーがブロック化されている。1エンド側デッキ右下の台車枠側面には配管が露出していない。
1974.9.4　瀬野機関区　P:城戸昌嗣

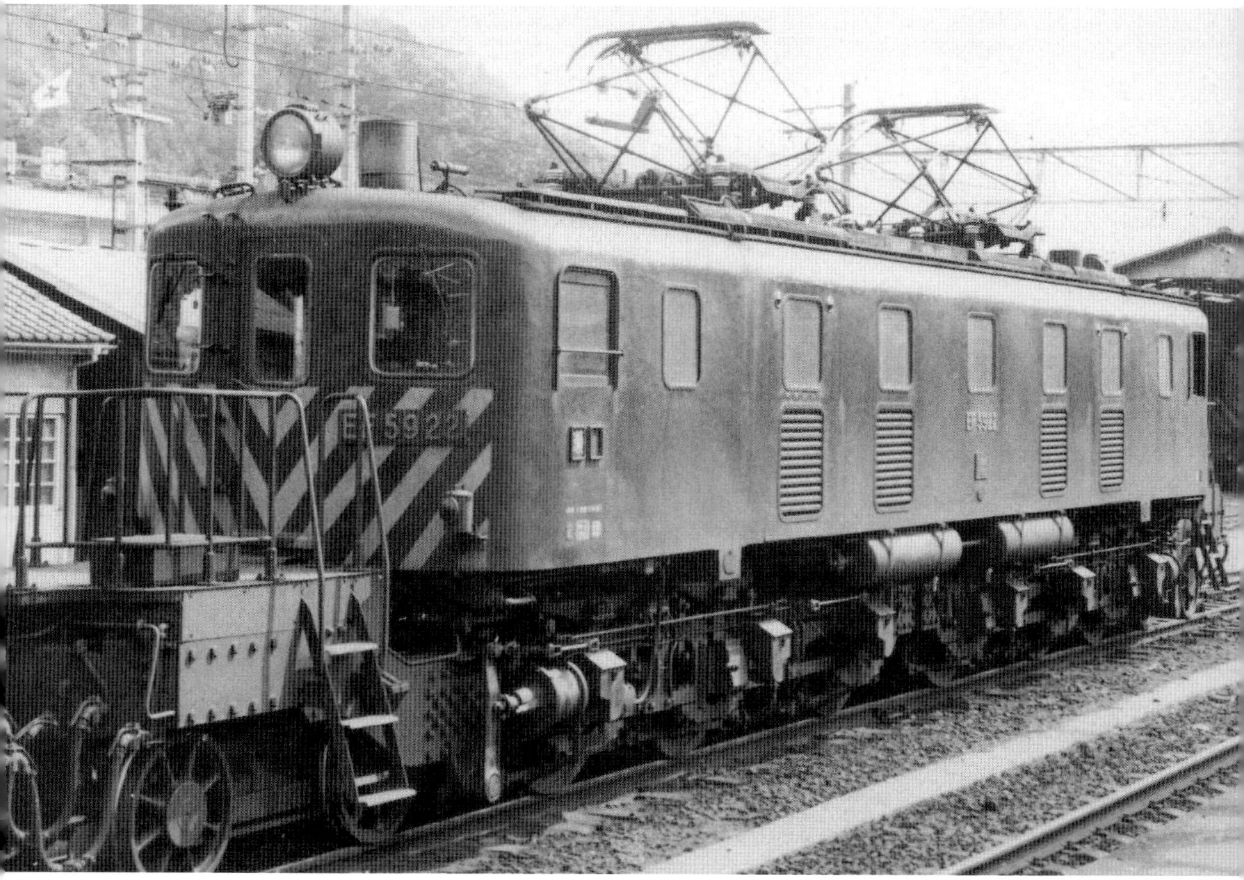

▲ EF59 23は前面窓のオリジナルの窓枠を残し、その内側でHゴム支持になっている。前面ドアの窓もHゴム化されている。1974.9.4　瀬野機関区　P:城戸昌嗣

▲ EF59 23は前面のドアのみ窓がHゴム化されているが、その形状はEF59 22のものと異なる。また、ドア脇の4段のステップに縦方向の手スリがない。
1974.9.4　瀬野機関区　P:城戸昌嗣

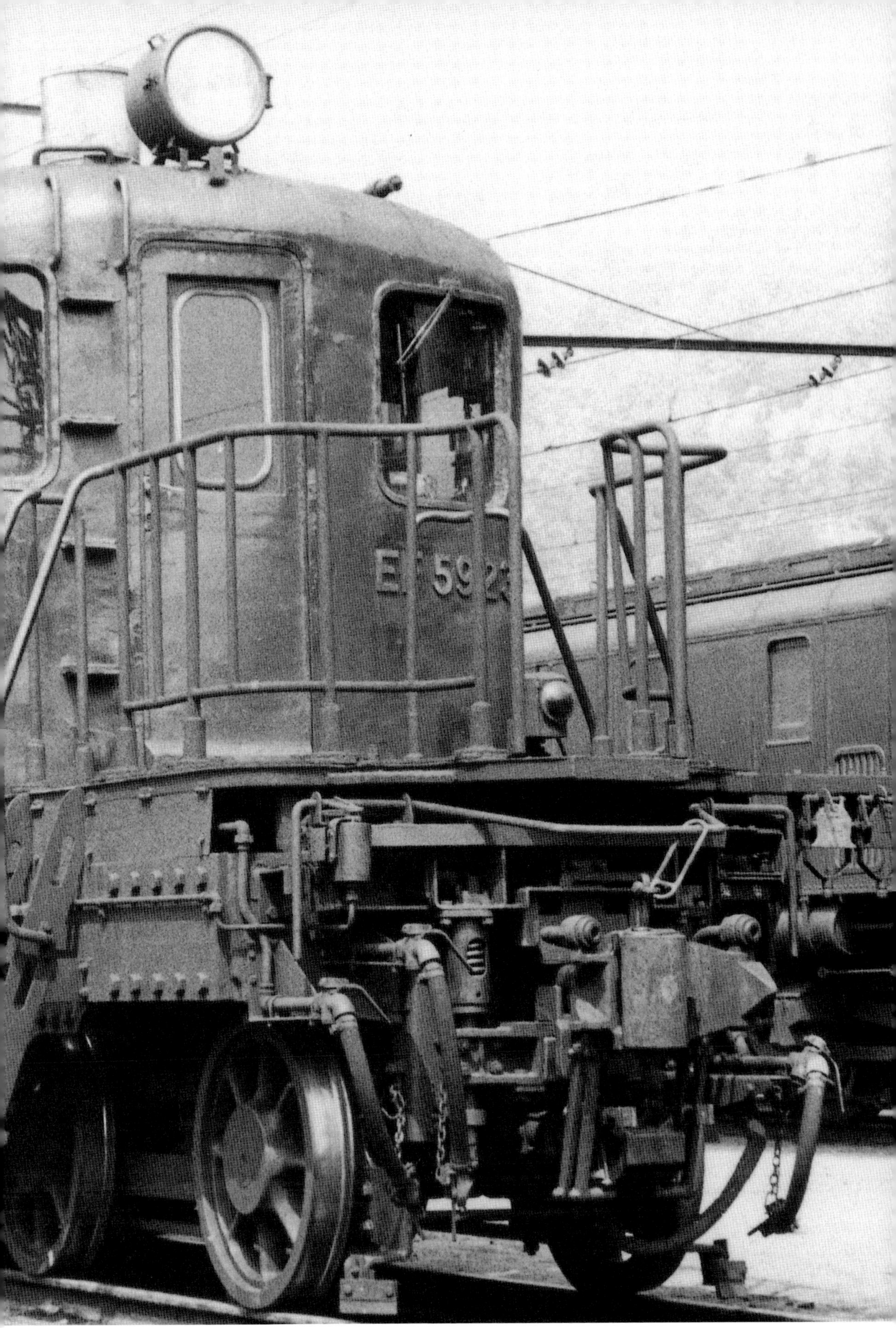

▲ EF59 23の前面窓ガラスは、他の丸型車体のEF56改造機と比べ奥まった位置にある。1エンド側デッキ右下の台車枠側面の連結器自動解放シリンダへの配管は20･21号機は2本で、22号機はデッキ下を通り、本機では1本となっている。1974.9.4　瀬野機関区　P:城戸昌嗣

F 59

▲EF56の丸型車体でEF59に改造された4輌は、すべて側面のエアーフィルターが4枚のタイプ。これが6枚あるEF56 6·7は改造されなかった。
1974.9.4　瀬野機関区　P:城戸昌嗣

▲ EF59 23を1エンド側から見下ろす。前面ドア脇のステップと屋根肩のランボードは2個の取っ手で結ばれる。また、自動解放装置のある解放テコは大きな台形を描く。
1974.9.4　瀬野機関区　P:城戸昌嗣

▲角型車体のEF56を種車とする唯一の存在である24号機の1エンド側正面。前面ドアの窓はHゴム化されている。また、ワイパーは左右でアームの長さが異なる。
1974.9.4　瀬野機関区　P:城戸昌嗣

▲ EF53改造機と重連を組み、機関区の洗浄台に入ったEF59 24。前面窓下の角にある突起は、ワイパーを移設した跡と思われる。デッキと台車枠の間のカバーは側面だけにある。1974.9.4　瀬野機関区　P:城戸昌嗣

24

▲ EF59のラストナンバー24号機の種車は角型車体のEF56ラストナンバー 12号機。丸型と車体形状が異なるだけでなく、台車枠前方の形状や外側台枠化された先台車などにも外観の違いが見られる。EF57 1の外観もこれに準ずる。1979.3.25　瀬野機関区　P:松尾よしたか

野 機 関 区

▲EF59 1～23の2エンド側のゼブラ塗装は「V」型だが、24号機だけは上下逆の「∧」形である。その理由は定かではないが、唯一の角型車体である24号機の希少性を一段と高めていた。1979.3.25　瀬野機関区　P:松尾よしたか

おわりに

前編と後編を合わせ、EF59全24輌の姿をお目にかけることができた。EF53改造機、2種の車体のEF56改造機、いずれも魅力的であることを改めて感じる。種車のEF53やEF56は全廃時期が早く、ディテール写真はあまり残されていないようである。したがって、この2形式の模型化に際しても参考になるのではないだろうか。

EF59の運用はEF61 200番代（EF60初期車改造）とEF67 0番代（EF60 0番代2灯ヘッドライト車改造）に取って代わられ、JR移行直前にすべて終了した。その後、使い勝手の悪いEF61 200番代を置き換えるため、1990（平成2）年からEF65 0番代を改造したEF67 100番代が投入され、一時は「セノハチ」の補機運用はEF67で統一された。そして、2012（平成24）年にはEF210にセノハチでの補機運用を考慮した装備を搭載した汎用機である300番代が登場、翌2013（平成25）年から営業運転を開始。2022（令和4）年には置き換えが完了している。

かつては日本各地で山越えの補機運用が見られたものだが、気づけばJR各社からは補機専用形式が消滅してしまった。

勾配を越えるべく補機を連結するという運行形態が見られるのは、JR各社では「横軽」の廃止以後長らくはセノハチ（補機の連結区間は東広島～西条）が全国唯一だった。しかし、2023（令和5）年の大阪駅うめきた地下ホームの開業に伴い、地下区間への急勾配を通過すべく吹田貨物ターミナル～安治川口間での後補機の連結を開始。これまで山越えの区間でのみその姿を見ることができた「補機」だが、新たに大都市圏でもその姿が見られるようになった。

より身近な存在となった「補機」。補機専用形式を脱し、汎用機関車として広い範囲で運用しているEF210 300番代と合わせて、これからもその動向に注目していきたい。

▲ 瀬野機関区に休むEF59 20。1984年2月のダイヤ改正でこの機関区は廃止され、貨物列車の補機は東広島で連結するようになった。1974.9.4　P:城戸昌嗣